Prof. Dr. Ralf Kühl
Matthias Göbel

Managementvergütung: Ausgewählte wertorientierte Kennzahlen auf Basis einer Mehrjahresdatenreihe (DAX 30 | MDAX 50)

Bibliografische Information der Deutschen Nationalbibliothek
Die Deutsche Nationalbibliothek verzeichnet diese Publikation in der Deutschen Nationalbibliografie; detaillierte bibliografische Daten sind im Internet über http://dnb.d-nb.de abrufbar.
1. Aufl. - Göttingen : Cuvillier, 2013

978-3-95404-511-2

Nonnenstieg 8, 37075 Göttingen
Telefon: 0551-54724-0
Telefax: 0551-54724-21
www.cuvillier.de

1. Auflage, 2013
Gedruckt auf umweltfreundlichem, säurefreiem Papier aus nachhaltiger Forstwirtschaft.

978-3-95404-511-2

Stand | September 2013

Autoren
Herr Prof. Dr. Ralf Kühl
Herr Matthias Göbel

Managementvergütung: Ausgewählte wertorientierte Kennzahlen auf Basis einer Mehrjahresdatenreihe (DAX 30 | MDAX 50)

Inhaltsangabe

Autoren
Herr Prof. Dr. Ralf Kühl
Herr Matthias Göbel

Abbildungsverzeichnis

Autoren
Herr Prof. Dr. Ralf Kühl
Herr Matthias Göbel

Tabellenverzeichnis

Stand | September 2013

Autoren
Herr Prof. Dr. Ralf Kühl
Herr Matthias Göbel

Managementvergütung: Ausgewählte wertorientierte Kennzahlen auf Basis einer Mehrjahresdatenreihe (DAX 30 | MDAX 50)

Schlagwörter: *Betriebswirtschaftliche Kennzahlen; Aufsichtsrat- und Vorstandsstruktur; Eigentümerstruktur; Vergütung des Vorstandes/ Aufsichtsrates; DAX / MDAX Unternehmen*

Betrachtungszeitraum: Jahre 2004 bis 2011

I) Einleitung

Das Thema der ethisch erklärlichen, moralisch vertretbaren Vorstandsvergütung sorgt seit geraumer Zeit für eine offene gesellschaftliche und wirtschaftspolitische Diskussion.

Gesetzlich berücksichtigte Initiativen wie die Einführung einer individuellen Offenlegungsverpflichtung fixer und variabler Vorstandsbezüge börsennotierter Aktiengesellschaften in Deutschland verdeutlichen dabei, dass hier erheblicher Regelungsbedarf vorliegt.

Weitere Impulse im Umgang mit der Vergütungsthematik im Top Management richten sich aus an der Schaffung einer gesetzlichen Obergrenze für Vorstandsvergütungen, der grundlegenden Reformierung der Vergütungssystematik sowie der Implementierung detaillierter Haftungsregelungen bei Top Management Fehlentscheidung mit nachweislichen betriebswirtschaftlichen Konsequenzen für das betroffene Unternehmen und deren Umfeld.

Ein direkter, empirisch basierter Themeneinstieg hier erfolgt mittels eines personenbezogenen Auszugs zur Gesamtvergütung der Vorstandsvorsitzenden der DAX Unternehmen im Jahr 2011.

Abbildung 1: Gesamtvergütung der DAX-Vorstandsvorsitzenden
Quelle: de.statista.com/statistik/daten/studie/163233/umfrage/gehalt-der-dax-vorstandschefs/, Abruf am 31.07.2013

Auffällig erscheint bei der Erstbetrachtung eine Differenzgröße von 10,4 Millionen Euro (Volkswagen AG: 16,60 Millionen Euro | Herr Dr. Winterkorn und BMW AG 6,20 Millionen Euro | Herr Reithofer) bei ausgewiesenen Vergütungsgrößen der Vorsitzenden innerhalb der Automobilbranche.

Diese zunächst spezifizierten Ergebniswerte liefern jedoch keine ausreichende Grundlage, um eine wissenschaftlich fundierte Analyse zur Gehaltsstruktur durchzuführen. Somit könnten es von essentieller Bedeutung sein, neben den Vergütungsstrukturen auch ausgewählte betriebswirtschaftliche Kennziffern sowie Strukturen der zuständigen Entscheidungsgremien zu untersuchen.

Genau hier setzt die vorliegende Arbeit an und zeichnet sich durch eine Vielzahl verschiedener Kennzahlen über mehrere Jahre aus, die als Grundlage für wissenschaftliche Untersuchungen der DAX | MDAX Unternehmen dienen können.

II) Aufbau / Inhalt der Zeitreihenuntersuchung

Die vorliegende Studie wurde seitens der Studentischen Hilfskraft der Leibniz-Fachhochschule Hannover – Herrn Matthias Göbel – bei Herrn Prof. Dr. Ralf Kühl in der Zeit von November 2012 bis Juli 2013 angefertigt. Der inhaltliche Auftrag resultiert aus einer Forschungskooperation mit der spanischen Universidad de Murcia (Facultad de Economía y Empresa | Departamento de Organización de Empresas y Finanzas), in der Lohnunterschiede im Top Management börsennotierter Unternehmen in

Spanien und Auswirkung auf Unternehmensergebnisse untersucht wurden. Erste Erweiterungsansätze im Sinne eines internationalen Vergleiches sollen die hier dargelegten, ausgewählten Kennzahlen und Wertangaben zu allen 30 Unternehmen des Deutschen-Aktien-Index (DAX) und 50 Unternehmen des Mid-Cap-DAX (MDAX) liefern.

Der Stichtag für die Zurechnung zum DAX | MDAX war der 06.11.2012. Die für die Untersuchung relevanten Datensätze berücksichtigen einen Zeitraum von 2004 bis 2011: Die Herkunft der Werte konzentriert sich ausschließlich auf die Geschäftsberichte (Jahresabschlüsse | Lageberichte) der einzelnen Unternehmen, separiert nach den offiziellen, digital veröffentlichten Geschäftsberichten der betrachteten Untersuchungen. Dabei sind die verwendeten Daten als Rohdaten zu klassifizieren, um keine Ergebnisverzerrungen in bestimmten Datensatzkombinationen auszulösen. Die erhobenen Primärdaten sind gewissenhaft recherchiert; etwaige fehlerhafte Darstellungen auf den Unternehmenswebseiten selbst liegen ausschließlich in der Verantwortlichkeit der Anbieter.

III) Datensatzreihe: Übersicht Vergütungsleistungen

Der DAX konnte fast vollständig abgebildet werden. Lediglich für das Geschäftsjahr 2004 konnte bei der Merck KGaA kein Jahresabschluss vom Investor Relations Auftritt entnommen werden. Beim MDAX ist weitaus mehr Komplexität vorhanden. Die nachstehende Tabelle zeigt wann welches Unternehmen des MDAX an der Börse platziert wurde und somit für die Studie betrachtungsrelevant wird.

Aurubis AG:	Erster Geschäftsbericht erst im Jahr 2008/2009 – kein valider Ausweis
Brenntag AG:	Brenntag wurde erst im Jahr 2010 an der Börse platziert
Gerresheimer AG:	Gerresheimer wurde erst 2007 an der Börse platziert
GSW Immobilien AG:	GSW wurde erst im Jahr 2011 an der Börse platziert
HHLA AG:	HHLA wurde erst im Jahr 2007 an der Börse platziert
Kabel Deutschland AG:	Kabel Deutschland wurde erst 2009 an der Börse platziert
Kloeckner & Co SE:	Kloeckner wurde erst 2006 an der Börse platziert
MTU Aero Engines AG:	MTU wurde erst 2005 an der Börse platziert
Sky Deutschland AG:	Die Premiere AG wurde erst 2005 an der Börse platziert
Symrise AG:	Symrise wurde erst 2006 an der Börse platziert
Wacker Chemie AG:	Wacker wurde erst 2005 an der Börse platziert
Wincor Nixdorf AG:	Wincor Nixdorf wurde erst 2005 an der Börse platziert

Tabelle 1: Betrachtungsrelevante Besonderheiten bei MDAX Unternehmen
Quelle: Eigene Erhebung und Darstellung

Zudem konnte für das Spezialmaschinenbauunternehmen GEA AG kein Geschäftsbericht für das Jahr 2004 dem Investor Relations Auftritt entnommen werden. Ebenfalls eine unvollständige Datenreihe aufgrund nicht abrufbarer Konzerngeschäftsberichte liegen für die Unternehmen Kloeckner & Co. SE sowie Billfinger SE vor, da die Berichte für die Jahre 2006 bis 2008 bzw. 2004 bis 2006 nicht abrufbar waren. Diese identifizierte Unvollständigkeit ist jedoch akzeptabel, um weiterhin Datenkontinuität zu gewährleisten.

IV) Datenauszug: Übersicht zu Kennzahlen der Vorstandsvergütung

Verschiedene gesetzliche Anforderungen in Deutschland regeln den Umfang mit Veröffentlichungen von Vorstandsvergütungen: Beispielhaft wurde im Jahr 2009 das Gesetz zur Angemessenheit der Vorstandsvergütung (VorstAG), welches unter anderem Veränderungen bei der Auszahlung variabler Vergütungsbestandteile vorsieht und zugleich § 87 des Aktiengesetzes (AktG) tangiert, vom deutschen Bundestag verabschiedet.[1]

Insbesondere der § 87 des Deutschen Aktiengesetzes verpflichtet Aktiengesellschaften, die Vergütungsstruktur ihrer Gremien an einer nachhaltigen Unternehmensentwicklung auszurichten.[2] Bereits seit dem Jahr 2005 sind börsennotierte Aktiengesellschaften per Gesetz dazu verpflichtet, Vergütungen ihrer Vorstandsmitglieder nach Art (fix | variabel | aktienbasiert) und Höhe anzuzeigen.[3] Dies erfolgt bei den einzelnen Unternehmen meist im Rahmen von Vergütungs-/ Corporate Governance Berichten, die Bestandteil des Geschäftsberichtes sind.

Alternativ sind Vergütungshöhen von Vorstand und Aufsichtsrat im Konzernanhang aufzuschlüsseln.[4] Im folgenden Auszug der Primärdatenerhebung sind exemplarisch erfolgsunabhängige, jahresbasierte Vorstandsvergütungen ausgewiesen. Zu den erfolgsunabhängigen Vergütungen gehören neben der fixen Grundvergütung auch Sachbezüge. Bei einer Angabengröße ‚k.A.' konnte eine Vergütungsart unternehmensseitig nicht öffentlich deklariert werden.

Alle Angaben in Tsd.€	Erfolgsunabhängige Vergütung des Vorstandes							
	2004	2005	2006	2007	2008	2009	2010	2011
Adidas AG	3.380	2.998	2.976	2.965	3.014	2.982	3.215	3.275
Allianz SE	6.480	6.600	8.317	8.509	8.973	8.190	8.073	8.263

Abbildung 2: Auszug zur Verdeutlichung der erfolgsunabhängigen Vergütung des DAX Vorstand
Quelle: Eigene Erhebung und Darstellung

[1] Vgl. Gesetz zur Angemessenheit der Vorstandsvergütung.
[2] Vgl. §87, Deutsches Aktiengesetz.
[3] Vgl. Artikel 1, Gesetz über die Offenlegung der Vorstandsvergütungen.
[4] Vgl. §314 Abs. 1 Nr. 6a, Handelsgesetzbuch.

Alle Angaben in Tsd.€	Erfolgsunabhängige Vergütung des Vorstandes							
	2004	2005	2006	2007	2008	2009	2010	2011
Areal Bank AG	800	1.543	1.953	1.896	2.545	2.127	4.686	2.897
Aurubis AG *	Erste Geschäftsbericht im Jahr 2008/2009				1.982	1.926	1.924	1.627

Abbildung 3: Auszug zur Verdeutlichung der erfolgsunabhängigen Vergütung des MDAX Vorstand

Quelle: Eigene Erhebung und Darstellung

Die Spalten ‚J' bis ‚Q' behandeln die komplexer gestaltete erfolgsabhängige Vergütung. Dabei wurde sich ausschließlich auf die Barvergütung, das Jahr der Datenerhebung ausgezahlte erfolgsabhängige Vergütung, beschränkt, soweit dies erkennbar war. Auf eine Berücksichtigung der aktienbasierten und langfristigen Entlohnung, die an strukturelle Ziele geknüpft ist und erst nach einigen Jahren zur Auszahlung kommt, wurde verzichtet. Die Bezeichnung ‚siehe vorn' steht dafür, dass keine Trennung zwischen variabler und fixer Vergütung erfolgte. Somit wurde lediglich die Gesamtvergütung ausgewiesen, welche sich in den Spalten der erfolgsunabhängigen Vergütung befindet.

Alle Angaben in Tsd.€	Erfolgsabhängige Vergütung des Vorstandes							
	2004	2005	2006	2007	2008	2009	2010	2011
Adidas AG	8.235	5.780	3.837	4.247	4.202	3.812	3.839	2.875
Allianz SE	12.296	10.163	16.848	14.505	7.185	12.358	9.921	6.361

Abbildung 4: Auszug zur Verdeutlichung der erfolgsabhängigen Vergütung des Vorstandes (DAX)
Quelle: Eigene Erhebung und Darstellung

Alle Angaben in Tsd.€	Erfolgsunabhängige Vergütung des Vorstandes							
	2004	2005	2006	2007	2008	2009	2010	2011
Areal Bank AG	800	1.543	1.953	1.896	2.545	2.127	4.686	2.897
Aurubis AG *	Erster Geschäftsbericht im Jahr 2008/2009				1.982	1.926	1.924	1.627

Abbildung 5: Auszug zur Verdeutlichung der erfolgsabhängigen Vergütung (MDAX)
Quelle: Eigene Erhebung und Darstellung

Die Spalten ‚Y‘ bis ‚AF‘ schlüsseln die Aufsichtsratvergütungen auf. Dabei erfolgt keine Trennung hinsichtlich fixer und variabler Vergütung, da dies zu einer Verzerrung der Datenreihen, aufgrund nicht einheitlicher Ausweisstandards, führen würde.

	A	Y	Z	AA	AB	AC	AD	AE	AF
1	Alle Angaben in Tsd.€	Aufsichtsratvergütung							
2									
3		2004	2005	2006	2007	2008	2009	2010	2011
4									
5	Adidas AG	k.A.	294	294	294	860	899	920	920
6	Allianz SE	2.158	2.514	2.073	1.598	1.080	1491	1.463	2008

Abbildung 6: Auszug zur Verdeutlichung der Vergütung des Aufsichtsrates (DAX)
Quelle: Eigene Erhebung und Darstellung

	A	J	K	L	M	N	O	P	Q
1	Alle Angaben in Tsd.€	Erfolgsabhängige Vergütung des Vorstandes							
2									
3		2004	2005	2006	2007	2008	2009	2010	2011
4									
5	Areal Bank AG	2.100	2.020	4.710	2.145	1.444	0	0	4.534
6	Aurubis AG *	Erster Geschäftsbericht im Jahr 2008/2009				1.265	4.097	4.632	4.205

Abbildung 7: Auszug zur Verdeutlichung der Vergütung des Aufsichtsrates (MDAX)
Quelle: Eigene Erhebung und Darstellung

Um die genaue Aussagekraft der Werte zu verstärken, soll die Aufstellung der Daten am Beispiel der Allianz SE gezeigt werden. Die nachstehende Abbildung zeigt ausschnittsweise den Vergütungsbericht des Versicherungskonzerns für das Jahr 2011.

Mitglieder des Vorstandes	Position	Jahr	Fixe Vergütung		Variable Vergütung			Gesamtsumme
			Grundvergütung in Tsd €	Nebenleistungen in Tsd €	jährlicher Bonus (kurzfristig) in Tsd €	dreijähriger Bonus (mittelfristig in Tsd €	Wert der RSU bei Zuteilung * in Tsd €	in Tsd €
Michael Diekmann	CEO	2011	1.200	31	1.062	1.062	1.062	4.417
		2010	1.200	24	1.544	1.544	1.544	5.856
Dr. Paul Achleitner	CFO	2011	800	57	640	640	640	2.777
		2010	800	61	1.075	1.075	1.075	4.086
Oliver Bäte	CRO	2011	700	50	688	688	688	2.814
		2010	700	47	948	948	948	3.591
Weitere Mitglieder **						...	...	...
Summe aller Vorstandsmitglieder		2011	7.780	483	6.361	5.730	6.361	26.715
		2010	7.600	473	9.921	9.921	9.921	37.836

* RSU = Restricted Stock Units

** Aus Vereinfachungsgründen wurde auf eine detaillierte Aufstellung aller Mitglieder verzichtet.

Abbildung 8: Auszug der Individualisierten Vergütung des Vorstandes der Allianz AG
Quelle: Vgl. Geschäftsbericht 2011 des Allianz Konzerns, S. 44.

Die erfolgsunabhängige Vergütung aller Vorstandsmitglieder ergibt sich als Summe aus Grundvergütung und Nebenleistung (7.780 TEUR + 483 TEUR). Somit beträgt die Fixvergütung im Geschäftsjahr 2011(siehe Abbildung 2: Zelle ‚I6') 8.263 TEUR. Die erfolgsabhängige Vergütung beträgt, da sich die Datenerhebung nur auf die im Berichtsjahr ausbezahlte variable Vergütung bezieht, 6.361 TEUR (siehe Abbildung 4: Zelle ‚Q6').

Die Vollständigkeit der erhobenen Daten setzt sich dabei wie folgt zusammen: für die Jahre 2006 bis 2011 konnten vollständige Datenreihen hinsichtlich fester / variabler Vorstandsvergütung sowie Aufsichtsratsvergütung erstellt werden. Für die Jahre 2004 und 2005 gestaltete sich die Datenerhebung unvollständig, da zum Teil noch keine ausreichenden regulatorischen Rahmenvereinbarungen vorlagen. Demzufolge referenziert die Anteilsdarstellung in den folgenden Tabellen konkret auf das Verhältnis der tatsächlich unternehmensseitig ausgewiesenen Vergütungskomponenten zu maximal zu veröffentlichenden Vergütungsangaben hinsichtlich einer erfolgsabhängigen, erfolgsunabhängigen Vorstandsvergütungen sowie der Aufsichtsratsvergütung.

<u>DAX:</u>

Jahr	2004	2005	2006	2007	2008	2009	2010	2011	**Mittelwert**
Prozentualer Anteil	81%	98%	100%	100%	100%	100%	100%	100%	**97%**

Tabelle 2: Prozentualer Anteil der ausgewerteten Daten (DAX)
Quelle: Eigene Erhebung und Darstellung

MDAX:

Jahr	2004	2005	2006	2007	2008	2009	2010	2011	**Mittelwert**
Prozentualer Anteil	99%	99%	99%	99%	100%	99%	99%	100%	**99%**

Tabelle 3: Prozentualer Anteil der ausgewerteten Daten (MDAX)
Quelle: Eigene Erhebung und Darstellung

V) Datenauszug: Eigentümerstruktur DAX | MDAX Unternehmen

In diesen Excel-Tabellen werden die Eigentümerstrukturen aller 30 DAX und aller 50 MDAX Unternehmen für die Jahre 2004 bis 2011 dargestellt. In den Spalten ‚B' und ‚C' werden zudem noch einmal die gesamten Vergütungshöhen (Fix | Variabel) der Vorstandsmitglieder aufgeschlüsselt.

	A	B	C
1		Zusammensetzung Vergütungsstruktur	
2	Unternehmen	Fixe Vorstandsvergütung in TEUR	Variable Vorstandsvergütung in TEUR
19	Fresenius SE & Co. KGaA	4.596	5.539
20	Heidelbergcement AG	6.185	3.554
21	Henkel AG & Co. KGaA	3.999	13.091

Abbildung 9: Auszug zur Verdeutlichung der Vergütungshöhen des Vorstandes (DAX)
Quelle: Eigene Erhebung und Darstellung

	A	B	C
1		Zusammensetzung Vergütungsstruktur	
2	Unternehmen	Fixe Vorstandsvergütung in TEUR	Variable Vorstandsvergütung in TEUR
3	Areal Bank AG	2.897	4.534
4	Aurubis AG *	1.627	4.205
5	Axel Springer AG	8.700	8.300

Abbildung 10: Auszug zur Verdeutlichung der Vergütungshöhen des Vorstandes (MDAX)
Quelle: Eigene Erhebung und Darstellung

Die Spalten ‚D‘ bis ‚I‘ konzentrieren sich auf die Darstellung der Eigentümerstruktur.

	A	D	E	F	G	H	I
1		Angaben zu den Eigentumsverhältnissen (in %)					
2	Unternehmen	Anteil 1. Groß-aktionär	Anteil 2. Groß-aktionär	Anteil 3. Groß-aktionär	Anteil 4. Groß-aktionär	Anteil 5. Groß-aktionär	Name des 1. Großaktionärs
19	Fresenius SE & Co. KGaA	28,85	5,58	5,04	4,26	2,36	Else Kröner Stiftung
20	Heidelbergcement AG	25,11	5,12	4,83	3,09	Rest Streu	Ludwig Merckle
21	Henkel AG & Co. KGaA	53,21	Rest Streubesitz				Henkel Familie

Abbildung 11: Aufteilung der Eigentümerstruktur (DAX)
Quelle: Eigene Erhebung und Darstellung

	A	D	E	F	G	H	I
1		Angaben zu den Eigentumsverhältnissen (in %)					
2	Unternehmen	Anteil 1. Groß-aktionär	Anteil 2. Groß-aktionär	Anteil 3. Groß-aktionär	Anteil 4. Groß-aktionär	Anteil 5. Groß-aktionär	Name des 1. Großaktionärs
3	Areal Bank AG	6,9	6,9	5,2	4,7	2,7	Bayerische Beamten Lebensvers. AG
4	Aurubis AG *	25	Rest Streubesitz				Salzgitter AG
5	Axel Springer AG	51,5	7	Rest Streubesitz			Axel Springer Gesellsch. f. Publizistik

Abbildung 12: Aufteilung der Eigentümerstruktur (MDAX)
Quelle: Eigene Erhebung und Darstellung

Die Wertangabe in Spalte ‚D‘ zeigt den Anteil des größten Aktionärs an, dessen Name in Spalte ‚I‘ Erwähnung findet. In den Spalten ‚E‘ bis ‚H‘ werden die Anteile des zweit- bis fünftgrößten Aktionärs wiedergegeben. Die Herkunft der Daten konzentriert sich dabei auf die im Geschäftsbericht ausgewiesene Aktionärsstruktur bzw. den Abschnitt der meldepflichtigen Wertpapiergeschäfte.[5] Der § 26 des Wertpapierhandelsgesetzes verpflichtet Aktionäre dazu die Überschreitung bestimmter Meldeschwellen gegenüber dem Emittenten anzuzeigen sowie dem Unternehmensregister zur Datenspeicherung vorzulegen.[6] Auch § 289 Abs. 4 Nr. 3 HGB verpflichtet Aktiengesellschaften dazu Beteiligungen größer 10 Prozent des Grundkapitals im Lagebericht anzugeben.[7] Sollte sich in einer Spalte der Wortlaut ‚keine näheren Angaben‘ befinden, so konnte den Geschäftsberichten keine vollständig konsistente Eigentümerstruktur entnommen werden.

Nachstehend wird die Zusammensetzung der Eigentumsverhältnisse am Beispiel der Fresenius SE verdeutlicht, da mit der Else Kröner Stiftung (siehe Abbildung 11, Zelle ‚D19‘) ein seit Jahren stabiler Großaktionär die Eigentümerstruktur prägt.

[5] Vgl. § 26, Wertpapierhandelsgesetz.
[6] Seit 2007 gelten in Deutschland 9 Meldeschwellen (3, 5, 10, 15, 20, 25, 30, 50, 75 Prozent). Die Über-/ Unterschreitung muss vom Aktionär angezeigt werden.
[7] Vgl. § 289 Abs. 4 Nr. 3, Handelsgesetzbuch.

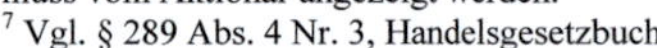

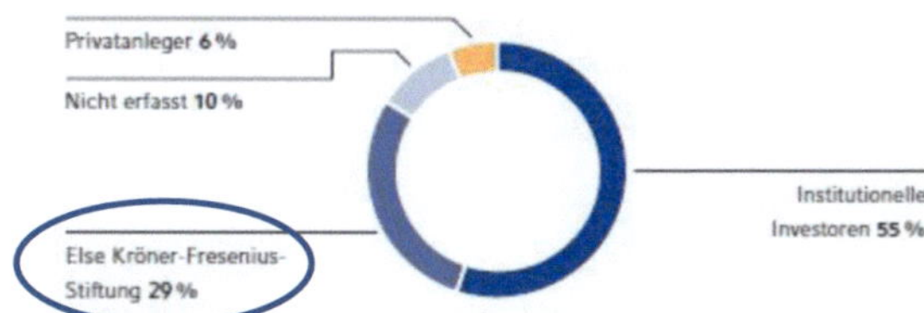

Abbildung 13: Aktionärsstruktur der Fresenius SE
Quelle: Geschäftsbericht 2011 des Fresenius Konzerns, S. 11.

Die Anteile der weiteren Großaktionäre, die regulatorische Meldeschwellen zum Geschäftsjahresende überschritten hatten, wurden dem Punkt „Zusammensetzung des Gezeichneten Kapitals" entnommen.

Meldepflichtiger	Datum des Erreichens, Über- oder Unterschreitens	Meldeschwelle	Zurechnung gemäß § 22 WpHG	Beteiligung in %	Beteiligung in Stimmrechten
Allianz SE, München, Deutschland[1]	28. Januar 2011	5 % Unterschreitung	§ 22 Abs. 1 Satz 1 Nr. 1	4,26	6.919.271
			sowie Abs. 1 Satz 1 Nr. 6	0,0008	1.281
Artio Global Investors, Inc., New York, USA[2]	28. Januar 2011	3 % Unterschreitung	§ 22 Abs. 1 Satz 1 Nr. 6 i. V. m. Abs. 1 Satz 2	2,36	3.840.708
BlackRock, Inc., New York, USA[3]	2. September 2011	3 % und 5 % Überschreitung	§ 22 Abs. 1 Satz 1 Nr. 6 i. V. m. Abs. 1 Satz 2	5,04	8.218.197
Else Kröner-Fresenius-Stiftung, Bad Homburg v. d. H., Deutschland	28. Januar 2011	50 % und 30 % Unterschreitung	–	28,85	46.871.154
FMR, LLC, Boston, USA[4]	28. Januar 2011	3 % Unterschreitung	§ 22 Abs. 1 Satz 1 Nr. 6 i. V. m. Abs. 1 Satz 2	1,69	2.740.382
Skandinaviska Enskilda Banken AB (publ), Stockholm, Schweden[5]	13. Mai 2011	3 % und 5 % Überschreitung	§ 22 Abs. 1 Satz 1 Nr. 1	5,58	9.068.446
	16. Mai 2011	5 % und 3 % Unterschreitung	§ 22 Abs. 1 Satz 1 Nr. 1	1,77	2.868.446

Abbildung 14: Zusammensetzung des Gezeichneten Kapitals der Fresenius SE
Quelle: Geschäftsbericht 2011 des Fresenius Konzerns, S. 179

Den zweitgrößten Anteil hält die Skandinaviska Enskilda Bank mit 5,58 % (Abbildung 11: Zelle ‚E19'), den drittgrößten Black Rock mit 5,04 % (Abbildung 11: Zelle ‚F19'), den viertgrößten Allianz mit 4,26 % (Abbildung 11: Zelle ‚G19'), und den fünftgrößten Artio Global mit 2,36 % (Abbildung 6: Zelle ‚H19'). Auch bei dieser Datenreihenbetrachtung liegen insgesamt acht Betrachtungsjahre (2004 bis 2011) vor.

Die Vollständigkeit der erhobenen Daten setzt sich dabei wie folgt zusammen: desto weiter die Studie in die Vergangenheit reicht, desto ungenauer wird der Ausweis der Eigentümerstruktur aufgrund fehlender gesetzlicher Anforderungen. Demzufolge referenziert die Anteilsdarstellung in den folgenden Tabellen konkret auf das Verhältnis der tatsächlich unternehmensseitig ausgewiesenen Eigentumsverhältnisse zu maximal zu veröffentlichenden Eigentumsangaben.

DAX:

Jahr	2004	2005	2006	2007	2008	2009	2010	2011	**Mittelwert**
Prozentualer Anteil	70%	80%	83%	93%	93%	90%	93%	96%	**88%**

Tabelle 4: Prozentualer Anteil der ausgewerteten Daten (DAX)
Quelle: Eigene Erhebung und Darstellung

MDAX:

Jahr	2004	2005	2006	2007	2008	2009	2010	2011	**Mittelwert**
Prozentualer Anteil	83%	93%	93%	93%	96%	94%	94%	98%	**93%**

Tabelle 5: Prozentualer Anteil der ausgewerteten Daten (MDAX)
Quelle: Eigene Erhebung und Darstellung

Dabei muss bei der Tabelle 4 (MDAX) jedoch beachtet werden, dass noch nicht an der Börse platzierte Unternehmen, bei der Berechnung des prozentualen Anteils der erhobenen Werte keine Berücksichtigung finden.

Autoren
Herr Prof. Dr. Ralf Kühl
Herr Matthias Göbel

VI) Kennzahlen DAX/MDAX-Unternehmen

In diesen Excel-Tabellen werden ausgewählte Bilanzkennziffern, die Struktur der Entscheidungsgremien sowie der Anteilsbesitz der Organe aufgeschlüsselt. Darüber hinaus beinhaltet diese bestimmte verdichtete Kennzahlen, die im Rahmen der Untersuchungen ermittelt wurden. Die Spalten ‚B' bezieht sich wiederum auf das Hauptthema der Studie, die Auswertung der Vergütungsstrukturen.

Die folgenden Spalten (Firm Performance) werden benötigt, um unter anderem den Quotienten ‚TOBIN Q' als Kennzahl zu berechnen, die das Verhältnis von Marktwert des Eigenkapitals zuzüglich Buchwert an Verbindlichkeiten ins Verhältnis setzt zum Buchwert aller Vermögenswerte am steuerlich bewerteten Jahresendzeitpunkt. Die Spalte ‚C' weist die Marktkapitalisierung, welche sich als Produkt aus Jahresschlusskurs und Anzahl der Aktien ergibt, aus. Bei Unternehmen, wo das Geschäftsjahr nicht dem Kalenderjahr entspricht, wurde die Marktkapitalisierung zum Bilanzstichtag angesetzt. Die Kennziffer wird häufig verwendet, um den Marktwert des gesamten Eigenkapitals zu ermitteln. Die Spalte ‚D' zeigt den Buchwert der gesamten Verbindlichkeiten an und wurde durch Subtraktion des Eigenkapitalbuchwertes von der Bilanzsumme ermittelt. Die Bilanzsumme wird in Spalte ‚E' ausgewiesen. In Spalte ‚F' wird der „TOBIN Q" berechnet. Er ergibt sich durch Division der Summe aus Marktkapitalisierung und Buchwert der Verbindlichkeiten mit der Bilanzsumme des Unternehmens. Ein ‚TOBIN Q' Quotient, der einen Ergebniswert > 1 annimmt, signalisiert, dass Investitionen im Unternehmen vom Finanzmarkt stärker honoriert werden.[8,9]

	A	B	C	D	E	F
1	Variable	INSC (TEUR) (Durchschnittliche Vergütung aller Vorstands-mitglieder inklusive des CEO in EURO)	Firm performance in Mio. Euro			Tobin Q
2	Unternehmen		Market value of common equity (Marktwert Eigenkapital)	Book value of liabilities (Buchwert der Verbindlich-keiten [kurz, mittel, lang])	Book value of total assets (Buchwert des Vermögens (vollständige Aktiva d. Bilanz])	
3	Adidas AG	1.538	10.758	6.049	11.380	1,476889279
4	Allianz SE	1.462	33.651	594.219	641.472	0,978795645
5	BASF SE	3.044	49.500	35.790	61.175	1,394196976

Abbildung 15: Auszug zur Verdeutlichung des Ausweises der Firm Performance (DAX)
Quelle: Eigene Erhebung und Darstellung

[8] Vgl. Finkelstein, S., and Boyd, B.K. (1998), 'How much does the CEO matter? The role of managerial discretion in the setting of CEO compensation', *Academy of Management Journal*, 41, 179-199.

[9] Durch eine Investition mit Barbezahlung kommt es zu einem bilanziellen Aktivtausch. Das bilanzielle Eigenkapital verändert sich nicht. Sollten die Anleger jedoch von der Investition überzeugt sein und die Anteilsscheine des Unternehmens erwerben, so wird der Kurs und somit der Marktwert des Eigenkapitals steigen. Der TOBIN Q läge dann über dem Wert ‚1'.

	A	B	C	D	E	F
1	Variable	INSC (TEUR) (Durchschnittliche Vergütung aller Vorstands-mitglieder inklusive des CEO in EURO)	Firm performance in Mio. Euro			Tobin Q
2	Unternehmen		Market value of common equity (Marktwert Eigenkapital)	Book value of liabilities (Buchwert der Verbindlich-keiten [kurz, mittel, lang])	Book value of total assets (Buchwert des Vermögens (vollständige Aktiva d. Bilanz])	
3	Areal Bank AG	1.858	837	39.232	41.217	0,972147415
4	Aurubis AG *	1.458	2.039	2.692	4.889	0,967682553
5	Axel Springer AG	4.250	3.275	2.257	4.188	1,320916905

Abbildung 16: Auszug zur Verdeutlichung des Ausweises der Firm Performance (MDAX)
Quelle: Eigene Erhebung und Darstellung

Die Spalten ‚G' bis ‚J' beschreiben Kennzahlen die im Zusammenhang mit den Organen der Gesellschaft stehen. Die Spalte ‚G' gibt die Anzahl der Vorstandsmitglieder an, die zum Bilanzstichtag im Unternehmen beschäftigt waren und im Anhang des Jahresabschlusses zu finden ist.

Die Spalte ‚I' weist aus, ob der Vorstandsvorsitzende einen weiteren Mandatsvorsitz (z.B. Vorsitzender des Aufsichtsrates) in einem Fremdunternehmen wahrnimmt. Die ‚1' signalisiert dabei, dass der CEO, einen Gremium-Vorsitz in einem anderen Unternehmen bekleidet; bei ‚0' ist dies nicht der Fall. Die Herkunft der Daten basiert auf den Angaben zu den Organmitgliedern, die Bestandteil des Konzernanhangs sind. Der § 338 Abs. 2 Nr. 2 HGB stellt die gesetzliche Grundlage für den Ausweis der Mitglieder des Vorstandes/ Aufsichtsrates im Rahmen des Anhangs dar.[10] Für den Ausweis der weiteren Mandate gibt es keine gesetzliche Grundlage. Überwiegend werden diese von den Unternehmen des DAX/MDAX jedoch ausgewiesen.

Die folgende Abbildung zeigt beispielsweise das Mandatsspektrum des Vorstandsvorsitzenden der RWE AG Dr. Jürgen Großmann.

[10] Vgl. Handelsgesetzbuch: § 338 Abs. 2 Nr. 2, Handelsgesetzbuch.

Mandate:
- BATIG Gesellschaft für Beteiligungen mbH
- British American Tobacco (Industrie) GmbH
- British American Tobacco (Germany) GmbH
- Deutsche Bahn AG
- SURTECO SE (Vorsitz)
- Hanover Acceptances Limited

Abbildung 17: Auszug der Mandate des RWE Vorstandsvorsitzenden
Quelle: Geschäftsbericht 2011 der RWE AG, S. 194.

Da der Vorstandsvorsitzende zugleich Vorsitzender des Aufsichtsrates in einer anderen Gesellschaft ist würde in der Zelle ‚I28' (siehe Abbildung 19) eine ‚1' ausgewiesen werden.

In der Spalte ‚H' wird die Aufsichtsratsstruktur dargestellt. Dabei wird ein Quotient aus *unternehmens-fremden* Aufsichtsratsmitgliedern und *unternehmensinternen* Aufsichtsratsmitgliedern gebildet, soweit dies zu entnehmen war. Zur Verdeutlichung soll ein Beispiel dienen. In der Zelle findet sich die Angabe: „1,4 (7/5)". Somit konnte dem Geschäftsbericht entnommen werden, dass sieben Mitglieder des Aufsichtsrates lediglich das Mandat im Unternehmen ausüben (ohne Angestelltenverhältnis) und fünf Mitglieder dem Unternehmen direkt zuzuordnen sind.

In der Spalte ‚J' wird der prozentuale Aktienbesitz des Aufsichtsrates und Vorstandes, gemessen an der Gesamtanzahl der Aktien, ausgewiesen. Durch das sogenannte ‚Director's Dealing' (§ 15a WPHG) sind Vorstände und Aufsichtsräte börsennotierter Gesellschaften verpflichtet, Meldung über Geschäfte mit eigenen Unternehmensaktien gegenüber der BaFin und den Aktionären zu melden.[11] Zudem weist eine hohe Anzahl an Unternehmen des DAX / MDAX in diesem Zusammenhang auch die Anteilsbesitze von Vorstand und Aufsichtsrat im Geschäftsbericht aus.

Im Folgenden soll anhand des Softwarekonzerns SAP AG veranschaulicht werden, wie die Datenaufbereitung qualitativ erfolgte.

[11] Vgl. www.bafin.de/DE/Aufsicht/BoersenMaerkte/Transparenzpflichten/DirectorsDealings/directorsdealings_node.html, Abruf am 27.08.2013.

AKTIENBESITZ UND WERTPAPIERTRANSAKTIONEN DES AUFSICHTSRATS

Der Aufsichtsratsvorsitzende Hasso Plattner sowie die Gesellschaften, an denen er mehrheitlich beteiligt ist, hielten am 31. Dezember 2011 121.515.102 SAP-Aktien (31. Dezember 2010: 122.148.302 SAP-Aktien), was 9,895 % des Grundkapitals der SAP AG entspricht (2010: 9,956 %). Alle übrigen Mitglieder des Aufsichtsrats hielten sowohl zum Jahresende 2011 als auch zum Vorjahresende jeweils weniger als 1 % der Aktien der SAP AG. Insgesamt hielten die Mitglieder des Aufsichtsrats am 31. Dezember 2011 121.524.139 SAP-Aktien (31. Dezember 2010: 122.156.130 SAP-Aktien).

Abbildung 18: Aktienbesitz des Vorstandes und Aufsichtsrates von SAP
Quelle: Geschäftsbericht 2011 SAP, S. 60.

Somit würde in der Zelle ‚J29' 9,90% ausgewiesen werden. Der Aktienbesitz der Vorstandsmitglieder lag zudem unter einem Prozent und wird somit nicht berücksichtigt.

	A	G	H	I	J
1	**Variable**	**Board Monitoring effectiveness**			
2	**Unternehmen**	**Board Size** (Anzahl der Vorstandsmitglieder inklusive CEO)	**Board Composition (BC) [Quotient = Extern / Intern]**	**Duality (Dual)**	**Insider Equity Ownership (INSOV** (Von Vorstands-mitgliedern gehaltene Aktien))
28	RWE AG	6	1,7 (15/9)	1	< 1%
29	SAP AG	5	17(17/1)	0	9,90%
30	Siemens AG	10	2,3 (14/6)	0	< 1%

Abbildung 19: Auszug zur Verdeutlichung der Board Monitoring Effectiveness (DAX)
Quelle: Eigene Erhebung und Darstellung

	A	G	H	I	J
1	**Variable**	**Board Monitoring effectiveness**			
2	**Unternehmen**	**Board Size** (Anzahl der Vorstandsmitglieder inklusive CEO)	**Board Composition (BC) [Quotient = Extern / Intern]**	**Duality (Dual)**	**Insider Equity Ownership (INSOV** (Von Vorstands-mitgliedern gehaltene Aktien))
3	Areal Bank AG	4	5 (10/2)	0	< 1%
4	Aurubis AG *	4	2 (8/4)	0	< 1%
5	Axel Springer AG	4	9 Mitglieder	0	62,00%

Abbildung 20: Auszug zur Verdeutlichung der Board Monitoring Effectiveness (MDAX)
Quelle: Eigene Erhebung und Darstellung

In der Spalte „K“ wird nun noch einmal die Aktionärsstruktur in drei Gruppierungen eingeteilt. Hält ein Unternehmen/ Institution/ Einzelperson außerhalb des Unternehmens mindestens fünf Prozent der Aktien, so wird dieses mit dem Kürzel „OC“ (Ownership-Controlled) gekennzeichnet. „OM“ (Owner-Managed) steht dafür, dass mindestens fünf Prozent der Aktien einem Mitglied des Vorstandes/ Aufsichtsrates zuzurechnen sind. Dies wäre zum Beispiel beim Softwarekonzern SAP der Fall. Ein Unternehmen welches keines der beiden Kriterien erfüllt erhält das Kürzel MC (Management-Controlled). In den Spalten ‚L‘ bis ‚N‘ werden Kontrollvariablen, welche für die anzufertigende Studie benötigt wurden, ausgewertet. So wird in Spalte ‚L‘ die Firmengröße mittel Logarithmus aus der Bilanzsumme vergleichbar gestaltet. Die Spalte ‚M‘ weißt den Wert der immateriellen Vermögensgegenstände (Goodwill, Firmenwert, Anteile an assoziierten Unternehmen) aus und ist i. d. R. der Bilanz zu entnehmen. Die Unternehmenskomplexität (Business Complexity) in Spalte ‚N‘ ergibt sich als prozentualer Anteil der immateriellen Vermögensgegenstände an der Bilanzsumme.

	A	K	L	M	N
1	Variable	Ownership Structure	Control Variables in Mio Euro		
2	Unternehmen		Firm Size (Unternehmens-größe: Logathitmus auf Total Assets [Gesamt-vermögen]	Immaterielle Vermögens-gegenstände (aus Bilanz entnommen)	Business Complexity (COMP)
3	Adidas AG	OC	4,06	3243	28%
4	Allianz SE	OC	5,81	13304	2%
5	BASF SE	k.A.	4,79	11919	19%

Abbildung 21: Auszug zur Verdeutlichung der Kontrollvariablen (DAX)
Quelle: Eigene Erhebung und Darstellung

	A	K	L	M	N
1	Variable	Ownership Structure	Control Variables in Mio Euro		
2	Unternehmen		Firm Size (Unternehmens-größe: Logathitmus auf Total Assets [Gesamt-vermögen]	Immaterielle Vermögens-gegenstände (aus Bilanz entnommen)	Business Complexity (COMP)
3	Areal Bank AG	OC	4,62	85	0%
4	Aurubis AG *	OC	3,69	90	2%
5	Axel Springer AG	OC/OM	3,62	1908	46%

Abbildung 22: Auszug zur Verdeutlichung der Kontrollvariablen (MDAX)
Quelle: Eigene Erhebung und Darstellung

Die Vollständigkeit der erhobenen Daten setzt sich dabei wie folgt zusammen: desto weiter die Studie in die Vergangenheit reicht, desto ungenauer wird der Ausweis der Eigentümerstruktur aufgrund fehlender gesetzlicher Anforderungen. Demzufolge referenziert die Anteilsdarstellung in den folgenden Tabellen konkret auf das Verhältnis der tatsächlich unternehmensseitig, für die vorliegende Studie, ausgewiesenen Kennzahlen zu maximal zu veröffentlichenden Kennzahlen.

DAX:

Jahr	2004	2005	2006	2007	2008	2009	2010	2011	**Mittelwert**
Prozentualer Anteil	92%	97%	98%	98%	99%	98%	98%	98%	**97%**

Tabelle 6: Prozentualer Anteil der ausgewerteten Daten (DAX)
Quelle: Eigene Darstellung und Erhebung

MDAX:

Jahr	2004	2005	2006	2007	2008	2009	2010	2011	**Mittelwert**
Prozentualer Anteil	89%	90%	89%	94%	96%	96%	96%	96%	**93%**

Tabelle 7: Prozentualer Anteil der ausgewerteten Daten (MDAX)
Quelle.: Eigene Darstellung und Erhebung

VII) Nutzen der Datenerhebung | Verwertungszusammenhang

Die im Rahmen der Studie ausgewerteten Daten stellen eine fundierte Grundlage zur Analyse ausgewählter Zusammenhänge zwischen Eigentümerstruktur, Bilanzkennzahlen, Gremienzusammensetzung und Vergütungsbestandteilen dar. Sie kann als wissenschaftliche Basis zur weiteren Entwicklung unternehmensverträglicher Vergütungsmodelle dienen, um auch auf in der medienbegleitenden, gesellschaftlichen Diskussion angemessen reagieren zu können. Nicht zuletzt der derzeitige Sachstand lässt erahnen, dass dringender Handlungsbedarf bei der transparenten Ausgestaltung der Vergütungskomponenten besteht.

Die vorliegenden Datenreihen über einen Zeitraum von acht Jahren betrachten nicht nur gegenwärtige Strukturen, sondern zeigen darüber hinaus auch belastbare Entwicklungstendenzen aus der Vergangenheit über die gegenwärtige Situation, mit Potenzial zur Trendanalyse, auf. Diese Untersuchung geht demzufolge weiter. Häufig beschränken sich Auswertungen zu Vorstands- | Aufsichtsratsbezügen lediglich auf die Höhe derer einzelnen Vergütungskomponenten, die sich in fixe (= erfolgsunabhängige) und variable (= erfolgsabhängige) Anteile klassifizieren lassen. Um eine fundierte wissenschaftliche Untersuchung vornehmen zu können bezieht die Studie auch betriebswirtschaftliche Kennziffern, Eigentümerstrukturen und die personelle Aufstellung der Entscheidungsgremien mit ein, um bestimmte Korrelationspunkte untereinander in Zusammenhang zu setzen. Der Nutzerkreis dieser Arbeitsdateien hat somit die Möglichkeit viele verschiedene wirtschaftliche Komponenten auf die Vergütungsbestandteile des Top-Managements zu beziehen. Somit stellen die im Rahmen der Studie erhobenen Datenreihen eine unverzichtbare Grundlage zur fundierten Analyse möglicher zukunftsträchtiger Vergütungsmodelle dar.

VIII) Bezugspreise im Überblick

1 **Übersicht Vergütungsleistungen DAX-Unternehmen**
Datensatz der Jahre 2004 bis 2011
Übersicht zu 30 DAX Unternehmen
Kriterien: Erfolgsunabhängige | Erfolgsabhängige der Vorstände |Aufsichtsrat Vergütung
Format: Microsoft Excel
Preis Exklusivnutzung: 300,00 Euro netto

2 **Übersicht Vergütungsleistungen MDAX-Unternehmen**
Datensatz der Jahre 2004 bis 2011
Übersicht zu 50 MDAX Unternehmen
Kriterien: Erfolgsunabhängige | Erfolgsabhängige der Vorstände |Aufsichtsrat Vergütung
Format: Microsoft Excel
Preis Exklusivnutzung: 300,00 Euro netto

3 **Eigentümerstruktur DAX-Unternehmen**

Datensatz der Jahre 2004 bis 2011

Übersicht zu 30 DAX Unternehmen

Kriterien: Vorstandsvergütung | Angabe zu Eigentumsverhältnisse der Aktionäre (TOP5)

Format: Microsoft Excel

Preis Exklusivnutzung: 225,00 Euro netto

4 **Eigentümerstruktur MDAX-Unternehmen**

Datensatz der Jahre 2004 bis 2011

Übersicht zu 50 MDAX Unternehmen

Kriterien: Vorstandsvergütung | Angabe zu Eigentumsverhältnisse der Aktionäre (TOP5)

Format: Microsoft Excel

Preis Exklusivnutzung: 225,00 Euro netto

5 **Kennzahlen DAX Unternehmen**

Datensatz der Jahre 2004 bis 2011

Übersicht zu 30 DAX Unternehmen

Wesentliche Kriterien: Durchschnittliche Vorstandsvergütung | Marktwert Eigenkapital | Buchwert Verbindlichkeiten | Bilanzsummen | Tobin Q | Anzahl Vorstandsmitglieder | Eigentümerstruktur | Bilanzwerte (Immaterielle Vermögensgegenstände)

Format: Microsoft Excel

Preis Exklusivnutzung: 600,00 Euro netto

6 **Kennzahlen MDAX-Unternehmen**

Datensatz der Jahre 2004 bis 2011

Übersicht zu 50 MDAX Unternehmen

Wesentliche Kriterien: Durchschnittliche Vorstandsvergütung | Marktwert Eigenkapital | Buchwert Verbindlichkeiten | Bilanzsummen | Tobin Q | Anzahl Vorstandsmitglieder | Eigentümerstruktur | Bilanzwerte (Immaterielle Vermögensgegenstände)

Format: Microsoft Excel

Preis Exklusivnutzung: 600,00 Euro netto

IX) Kontaktdaten der Leibniz-Fachhochschule Hannover

Für Ihre Bezugsanfrage kontaktieren Sie bitte:

Leibniz-Fachhochschule Hannover
Expo Plaza 11
30539 Hannover
Prof. Dr. Ralf Kühl
Professur für Allgemeine Betriebswirtschaftslehre (Organisation | Projektmanagement)
Telefon 0511/9 57 84 - 34
E-Mail: kuehl@leibniz-fh.de

ISBN 978-3-95404-511-2
9 783954 045112